Heiner Sadler hat auf zahlreichen Reisen Sonnenuhren fotografiert – dekorativen Wandschmuck und wichtige Zeitanzeiger aus vergangenen Jahrhunderten. An alten Gebäuden, Kirchen, Klöstern, Schlössern, Türmen und Stadttoren lebt in der Sonnenuhr der Geist der Geschichte und vergangener Kultur weiter. In ihrem Aussehen liegt Geheimnisvolles, aber sie spiegelt auch den Erfindergeist ferner Generationen.
Der vorliegende Band zeigt 65 alte Sonnenuhren. In seinem Nachwort beschäftigt sich Heiner Sadler mit dem nostalgischen Reiz der Sonnenuhr auf der Schwelle zwischen Zeit und Ewigkeit.

1722.
1882.

Heiner Sadler

Sonne, Zeit und Ewigkeit

Alte Sonnenuhren

Harenberg

Titeletikett: Darmstadt, Hochzeitsturm Mathildenhöhe, erbaut von J. M. Olbrich, 1908

Frontispiz: Creussen (Franken), Kirche aus dem Jahr 1722

Für Roma

Von Heiner Sadler ist in der Reihe «Die bibliophilen Taschenbücher» ebenfalls erschienen:

Brücken (Band 498)

Die bibliophilen Taschenbücher Nr. 376
3. Auflage 1988

Gesamtherstellung: Druckerei Hitzegrad, Dortmund
Printed in Germany

Inhalt

Wangen (Bodensee), St. Martins-Tor, 17./18. Jahrhundert

Martinstor · renov · anno Dom ·
St. Gallen
Freie Reichsstadt Wangen
Königr. Bayern

Längenfeld (Tirol), ehemaliges Krankenhaus, 17. Jahrhundert

Eichstätt, Johanneskirche, erneuert 1863

Wangen (Bodensee), Ravensburger Tor, 1608

Sooft die Uhr schlagt stets den Tod betracht
A
Ω

Sülzbach-Ellhofen (Heilbronn), Kirche, 18. Jahrhundert

Sommerzeit: Die neuzeitliche Räderuhr ist um eine Stunde vorgestellt (kurz vor 10 Uhr), der Schatten der alten Sonnenuhr zeigt auf 9 Uhr.

Oberwesel (Rhein), Stiftskirche, 18. Jahrhundert

Nördlingen, um 1600

Ulm, Münster, um 1930

Der Münster-Bildhauer Gustav Maurer stellte in dieser Sonnenuhr, frei interpretiert, das «verkörperte Wetter» dar. Er wählte den von Blitz und Donner umgebenen Wettermann deshalb, weil bei jedem örtlichen Gewitter der Turm des Münsters von Blitzen heimgesucht wird.

8
9
10
11
12
1
2
3
4

Riedlingen (Donau), Georgskirche, 1929

Abbildung rechts:

Parma (Italien), Rathaus, 1829 von Lorenzo Ferrari erbaut

Aus Platzmangel steht der Vormittag oben rechts, der Nachmittag darunter. Die Mittagszeit für 16 Städte wird angezeigt. Links Kalender und Tierkreiszeichen sowie Sonnenauf- und Untergangszeiten. Die Schleife gibt Zeitabweichungswerte an.

LATITUDINE
ECLINAZIONE ALL
14 15 12
LEVA
TRAMON.
FEBBRAIO
MARZO
OTTOBRE
NOV
DECLINAZIONE AUSTRALE
APRILE
SETTEMBRE
AGOSTO
MAGGIO
LUGLIO
GIUGNO
F L F
PRIMA DEL MEZZODÌ
AGRA
GOA
TOBOLSK
ISFAHAN
MOSKOW
COSTANTINOPOLI
CAPO DI BUONA SPERANZA
ROMA
DOPO IL MEZZODÌ
LIMA
QVEBEC
BUENOS-AIRES
RIO DE IANEIRO
PICO DI TANERIFFE
LISBONA
MADRID
PARIGI
23 DIC.

Beide Bilder:

Oppenheim (Rheinpfalz), Katharinenkirche, 1586

Zur Abbildung oben:
Angaben über Tag- und Nachtlänge sowie der Sonnendeklination nach dem Julianischen Kalender.

Dieses «Horologium Planetarium» zeigt neben den gewöhnlichen Stunden (römische Ziffern VII–III) auch die Temporalstunden (arabische Ziffern 1–9) an, das ist die Zählung mit Beginn des Tageslichts.

Spoleto (Italien), Kloster San Francesco, 1714

1414

Florenz, Ponte Vecchio, 1345

Die «Alte Brücke» mit ihren zahlreichen Werkstätten und Läden wurde 1287 durch das Hochwasser des Arno zerstört und 1299 wieder aufgebaut. Aus dieser Zeit stammt wahrscheinlich die aus Marmor gefertigte Sonnenuhr. Da sie geistlichen Zwecken (Gebetszeiten der Mönche) diente, nennt man sie kanoniale Sonnenuhr.

Oben und rechts:
Birnau (Bodensee), Kloster und Wallfahrtskirche, 1750

Peter Thumb 1750 fec · AD. 1966 Ren.
X XI XII I
VI VII VIII

Ulm, Rathaus, Fenster des Sitzungssaals, 1540. Glas-Sonnenuhr, symbolisch für Osten und Süden oben die Köpfe eines Asiaten und eines Mohren.

Die Inschrift lautet:
«Es stirbt der herr mit sampt dem Knecht,
Der frum und auch der ungerecht.
Unnd niemant wirt am morgen geben
Zu wissen dieses aubens (abends) leben.
Und ehe der mensch das recht befindt,
Stund, tag und jar vergangen sind.»

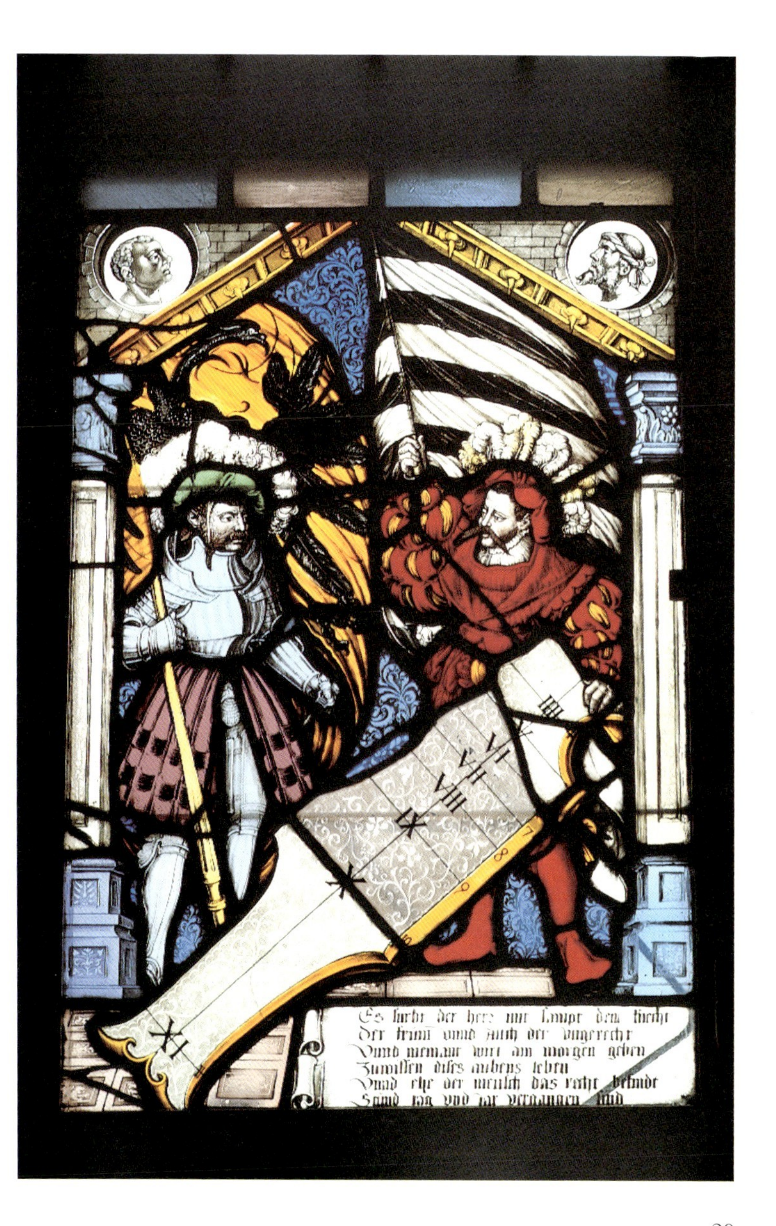
Es stirbt der herr mit sampt dem knecht
Der fromm unnd auch der ungerecht
Unnd niemant wirt am morgen geben
Zuwissen dises abends leben
Unnd ehe der mensch das recht befindt
Sind tag und jar vergangen sind

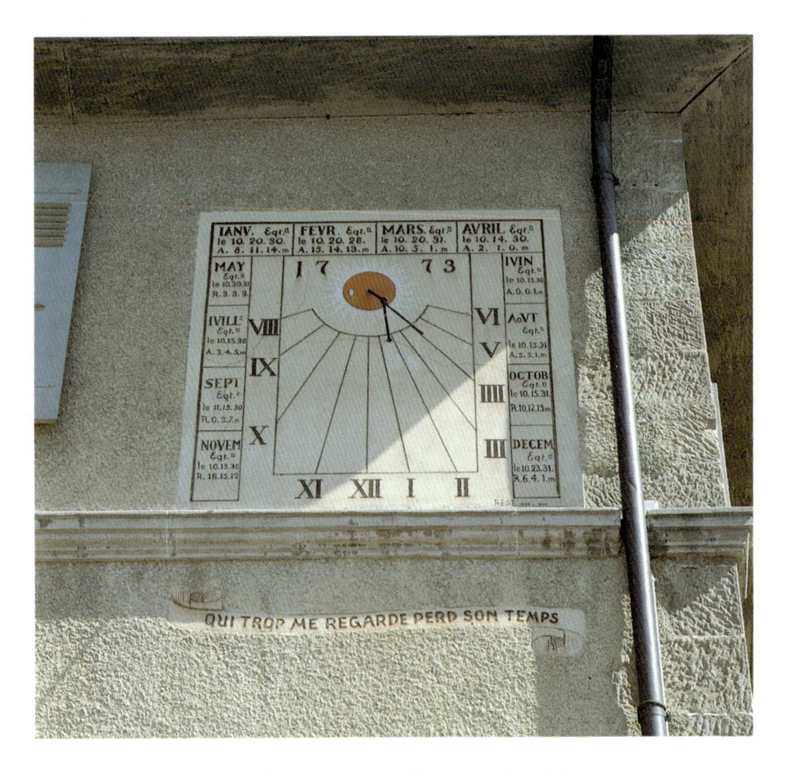

Nyon (Genfer See), Haus Rue de Château 1, 1773

Sursee (Schweiz), Rathaus, 1538

Beihingen (Marbach), Amanduskirche, 17. Jahrhundert

Niederasphe (Marburg), Kirche, 14. Jahrhundert

Mittelalterliche Sonnenuhr. Stundenlinien in roten Sandstein gemeißelt. Schattenstab fehlt. Die Inschrift lautet: «FASLBURG HAECNODINA FECIT EBE ADSLOCID. IR? IMCAT. T. HINR EBERHART. ?? DELOC».

Leinsweiler (Pfalz), Martinskirche, 1596

Ansbach (Franken), Johanniskirche, 1777

Übereck Süduhr mit Anzeige von VI–VI Uhr, und Ostuhr von 3–11 Uhr.

Waldsassen (Franken), Rentamt, 1732/1785

MDCCXXXII

Braunschweig, Martinikirche, 16. Jh., Kupferplatten, Ostuhr und

Süduhr. Die Kirche ist wesentlich älter (12./13. Jh.)

Frickenhausen (Main), Pfarrkirche, vor 1575

Die Inschrift lautet:
Anno Domini MDLXXV (1575)
aüf maürith 26. Septe=(mber)
starb der Erbar (Erbauer) Simeon
Kötzsch von Ebermannstat
dem Gott genad. amen.
W TELL

Das seltene Beispiel einer Sonnenuhr, von der der Erbauer überliefert ist.

7 · 8 · 9 · 10 · 11 · 12 · 1 · 2 · 3 · 4

Anno dni · M D · LXXV :
aüf · maürith · 26 · Septe :
starb der erbar Simeon :
Kitzsch von Ebermanstat ·
dem Got genad · amen ·

VCTHI

Gernsheim, Hessisches Ried, Rathaus, 1790, Holzplatte

Braunschweig, Dom, 1716

Große, sehr hoch angebrachte Uhr mit Zeitgleichungskurve (um die jahreszeitbedingten Zeitunterschiede auszugleichen) und mit Tierkreiszeichen.

Grünsfeld (Würzburg), Kirche, 1545, über dem hl. Nepomuk

Beide Bilder:
Amorbach (Odenwald), Benediktiner-Abtei, 1752

Die kompliziert anmutenden Linien erinnern an ein Spinnennetz, weshalb man es früher Arachne (griechisch = Spinnengewebe) nannte. Die senkrechten Linien unterteilen nach Stunden, die waagerechten Linien sind Datumslinien, die ganz bestimmte Tage, wie z. B. die Sonnenwenden, anzeigen.

Tübingen, Pflegoff, 18. Jahrhundert, Holzplatte

5
6
7
8
9
10
11
12
13
14
15

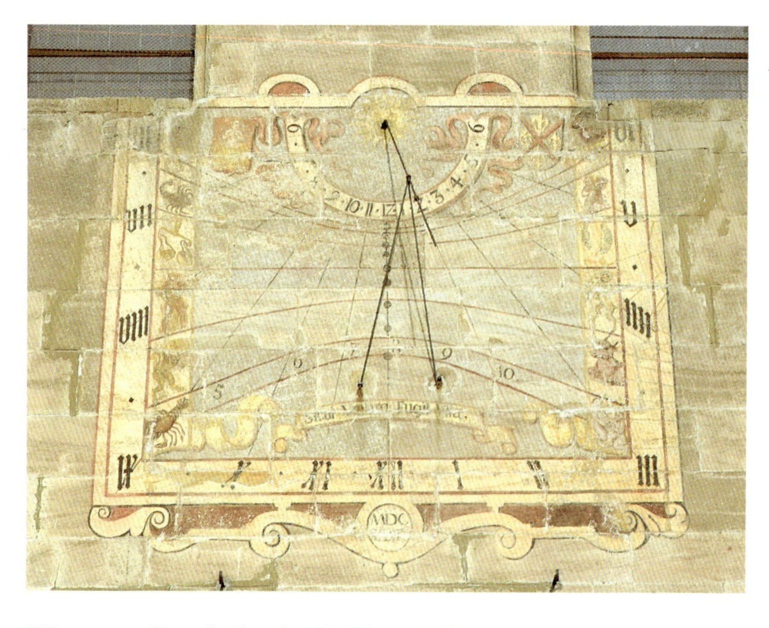

Ellwangen (Jagst), Kirche St. Veit, 1634
(Zifferblattgröße 2,5 × 2,15 m)

Renaissance-Zifferblatt. Darstellung der Tierkreiszeichen, eines Heiligen- und Stadtwappens, sowie des Spruchbandes »Sicut Umbra Fugit Vita« (»Wie der Schatten flieht das Leben«).
Die arabischen Ziffern in der Mitte zeigen die Stunden der Tageslänge (aber nur zur Sommer-Sonnenwende) an. Die arabische 8 über der römischen XII (Mittagszeit) bedeutet die achte helle Stunde seit Sonnenaufgang.

Mespelbrunn (Spessart), Schloß, 1560, Eisenplatte

Hof (Saale), Hospitalkirche, 17. Jahrhundert

Seesen (Harz), Andreaskapelle, 1700, Eisenplatte

Thun (Schweiz), Kirche, 1738, mit Zeitgleichungskurve

Weikersheim (Tauber), Schloßpark, um 1600

Garten-Sonnenuhr aus Sandstein als Treppen-Eckpfeiler. Die Steinkanten bilden den Zeiger. Es ist halb zwei.

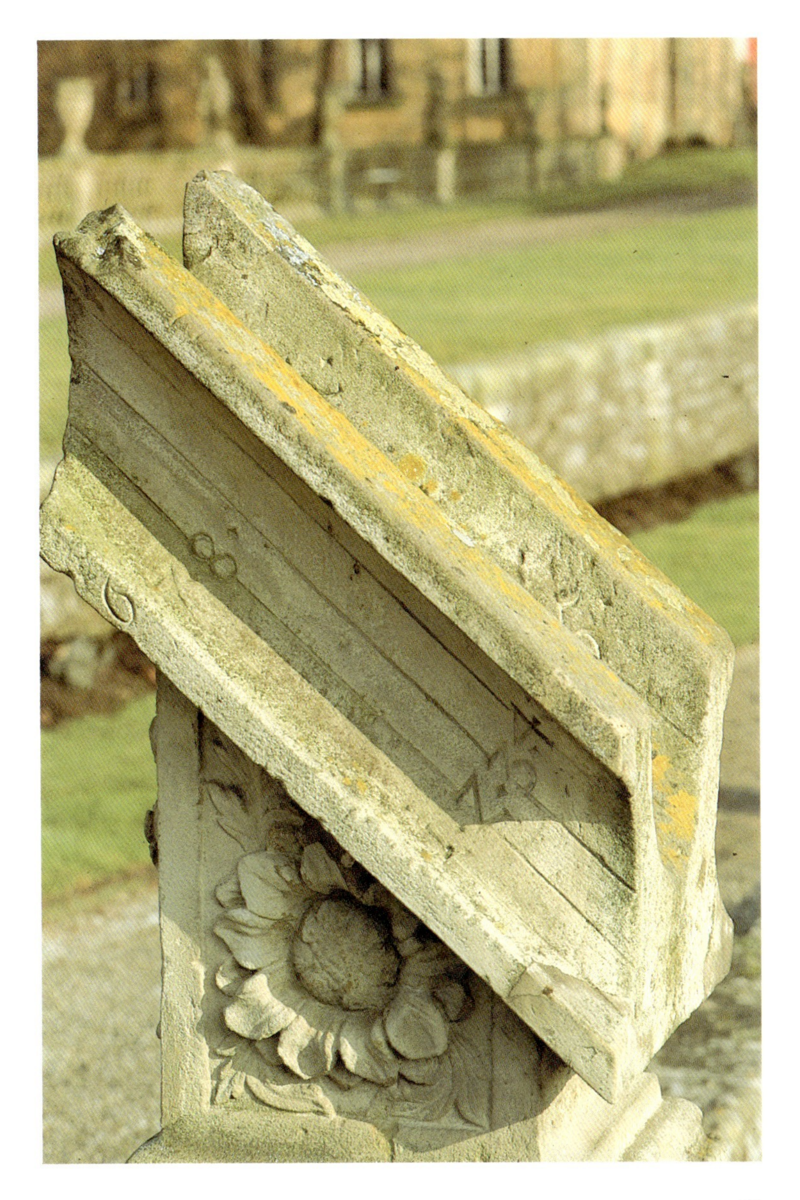

Kulmbach, Plassenburg, 1562

Altdorf, Ehem. Universität, 1628 (Nürnberg)

Eine von drei prächtig ausgemalten Sonnenuhren
im Hof der einstigen Universität

4 5 6 7 8
9
10
11
12

Alfeld (Nürnberg), Tor der Wehrkirche – Friedhof, 1891 renoviert

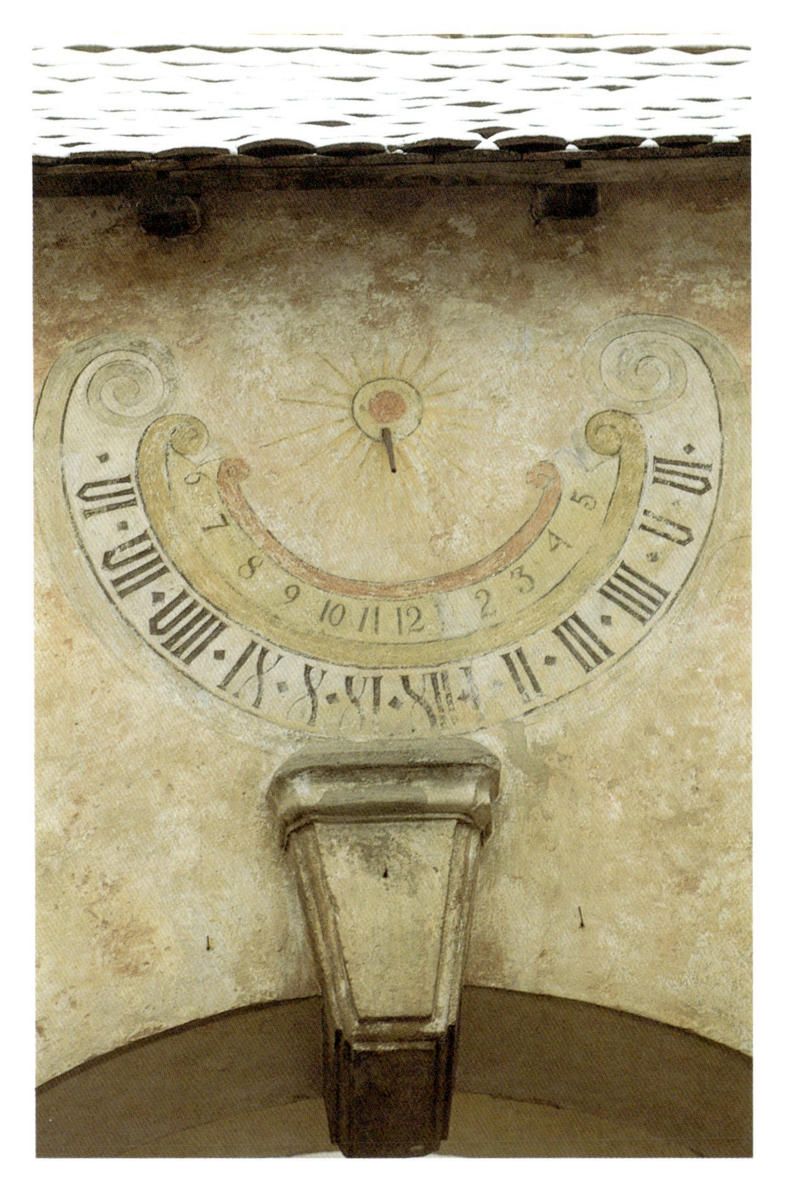

Lichtenfels (Franken), Pfarrkirche, 1724

Unten rechts Stadtwappen, die anderen Wappen drücken die Zugehörigkeit zum Hochstift Bamberg aus.

Wallerstein (Nördlingen), Schloßhof, um 1700

Ürzig (Mosel), im Weinberg

VII
VIII
IX
X XI XII I II
V
IIII
III

Eberbach (Rheingau), Zisterzienser-Kloster, 18. Jahrhundert

Form eines angedeuteten Fensters, die sieben Querlinien sind Datumslinien.

Niedergründau (Gelnhausen), Bergkirche, 1725, Schieferplatte

Steinfeld (Eifel), Prämonstratenser-Abtei, 1704

Dieses Polyeder (Vielflächner) besteht aus 16 Flächen; die drei Himmelsrichtungen, außer Norden, tragen 12 Sonnenuhren-Skalen.

Gelnhausen (Kinzig), Peterskirche, vor 1500, Zimmermannszahlen

Zimmermanns-Zahlen sind umgebildete römische Ziffern, die um 1500 in Deutschland verwendet wurden und in Kalendern vorkamen.

Fulda, Michaelskirche, 822. Von Hrabanus Maurus, wahrscheinlich älteste noch erhaltene Sonnenuhr Deutschlands

Entringen (Tübingen), Kirche, 17. Jahrhundert

Bad Friedrichshall (Heilbronn), Altes Rathaus Kochendorf, Holzplatte, 18. Jahrhundert.

Schwäbisch Hall, St. Michaelskirche, 16. Jahrhundert

Die Kirche trägt drei Sonnenuhren und eine astronomische Räderuhr. Alljährlich finden auf der großen, zum Portal hinaufführenden Treppe Festspiele statt.

Schwäbisch Hall, St. Michaelskirche, 17. Jahrhundert

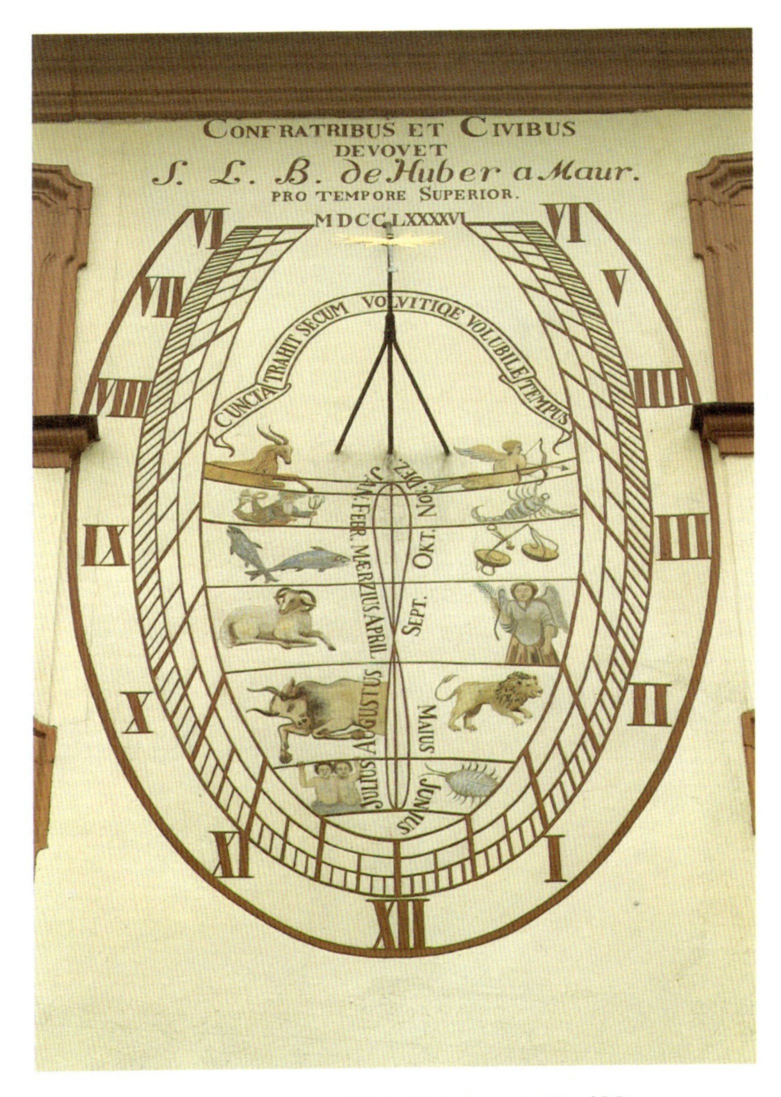

Fulda, Frühere Bibliothek, 1796, Süduhr mit Fünf-Minuten-Teilung, Zeitgleichungskurve und Tierkreis-Symbolen.

Homberg/Efze (Kassel), Marienkirche, 15. Jahrhundert, Kupferplatte

Diese Kirche trägt sechs mittelalterliche Sonnenuhren, drei davon sind nur noch als Rest vorhanden.

X
XI
VIII
VII
VI
XII 1 2 3 4 V

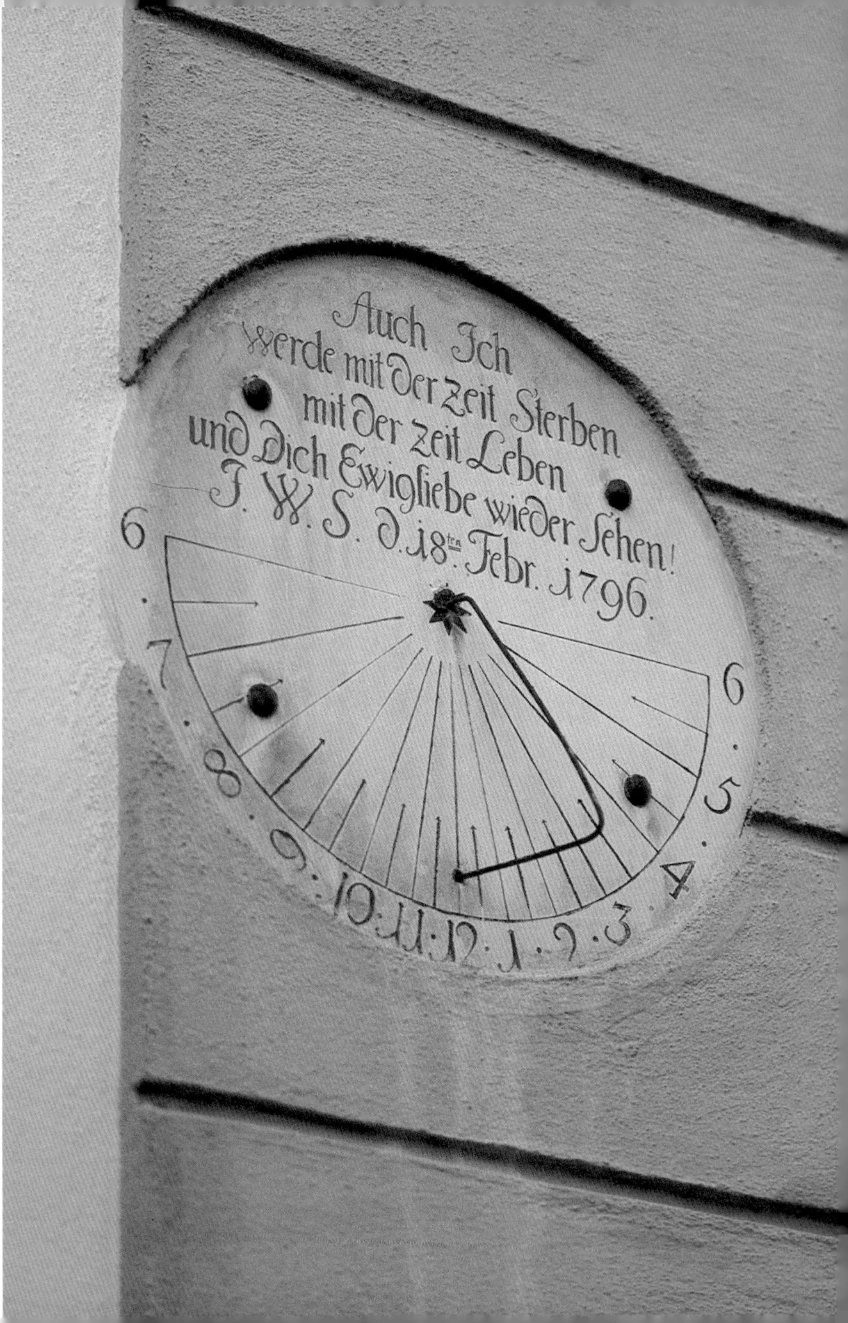

Auch Ich
werde mit der zeit Sterben
mit der zeit Leben
und Dich Ewigliebe wieder Sehen!
J. W. S. d. 18ten. Febr. 1796.

6 · 7 · 8 · 9 · 10 · 11 · 12 · 1 · 2 · 3 · 4 · 5 · 6

Rauschenberg (Marburg), Kirche, 1460. Wappen der Landgrafen von Hessen, Zahlen gotisch-römisch.

Flachslanden (Franken), Kirche, 1796

Duderstadt (Eichsfeld), Obere Cyriacus-Kirche, 1456

Im Zifferblatt die stark verwitterten Steinmetzzeichen t und h. Das G in der Gabel deutet auf den Entwerfer hin; es war vermutlich Gerlach aus Kleve, der um diese Zeit mehrere Sonnenuhren entworfen hat.

Bad Windsheim, Marienkirche, 17. Jahrhundert

Bad Windsheim, Spitalkirche, 1318/1886

Würzburg, Grafeneckart Turm, 1914

CARPE·DIEM
URANUS
MERCUR
MARS
JUPITER
SATURN
KEINES·MENSCHEN GEIST·HALT·DEN·LAUF
VON·SONNE, MOND u. STERNE AUF

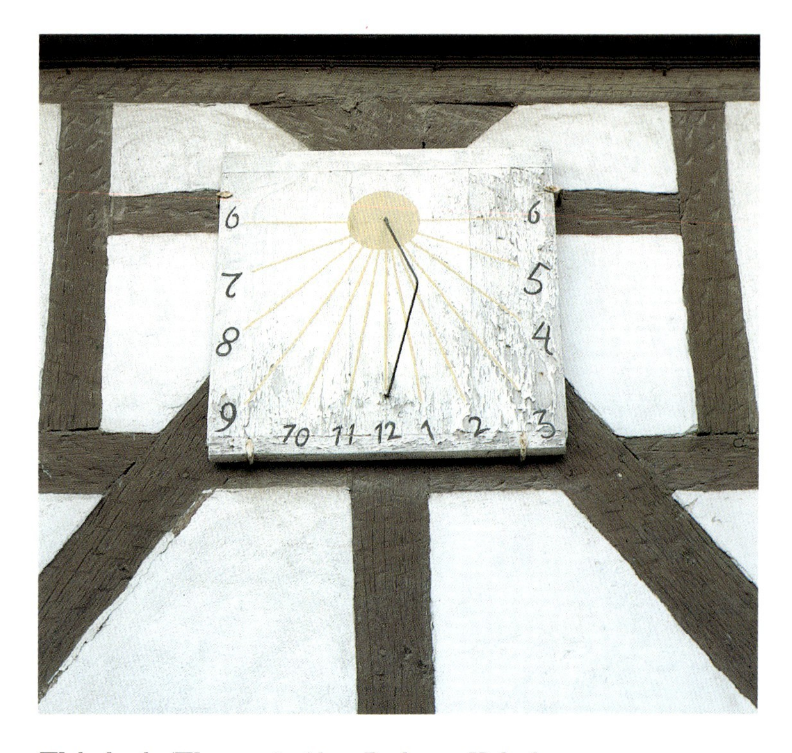

Wohnbach (Wetterau), Altes Rathaus, Holzplatte,
1912 oder früher

Calw (Württemberg), Reicherthaus, 1772

Darmstadt, Prinz-Georg-Garten, um 1748

Vielflächensäule mit vier Zifferblättern und einer Kugelsonnenuhr.

Nachwort

Die Entstehung der Sonnenuhr hat vier Jahrtausende gewährt. Seitdem begegnet ihr der fragende Blick des Menschen. Sie hat die wechselnden historischen Zeiten und Klimaverhältnisse bis in unsere Tage überlebt. Trotz mechanischer und elektronischer Quarzuhren von höchster Präzision schaut der Mensch noch immer mit Interesse nach dem zeitanzeigenden Schatten.

Dieses Interesse hat einen tieferen Sinn als nur die Frage nach der Zeit. Der geistige Nachlaß unzähliger Generationen regt den Menschen zu besinnlichem Denken über Zeit und Ewigkeit an. Die Sonnenuhr wird damit selbst zum lebendigen Wesen, von niemandem aufgezogen und von keiner Energie getrieben. Sie bleibt lautlos und steht dennoch mit dem einzelnen im Dialog. Sie spricht von der Zeit, von ihrer Vergänglichkeit, ihrer Flüchtigkeit und ihrer tragischen, aber auch heiteren und einmaligen Bedeutung für den Menschen. Sie spricht von der Geburt, vom Tod, vom Ende aller Dinge, von der Ewigkeit und vom Universum, von der lebensspendenden Kraft der Sonne. Versteckt sich die Sonne, hüllt sich auch die Sonnenuhr in Schweigen. Das Zeitsymbol ist abhängig vom Partner Sonne . . . wie der Mensch selbst.

Dennoch ist die Sonnenuhr nicht Kultgegenstand geworden, wie es mit anderen Symbolen geschehen ist. Viele Mythen beruhen auf Auf- und Untergang der Sonne, ihrer universalen Kraft oder auch auf den Schrecknissen der Finsternis. Wie beim Menschen ist die größte Krise der Sonnenuhr der Wechsel vom Tag zur Nacht. Sie übersteht dies jeden Tag neu – ewig.

*

Wo liegt der Ursprung der Sonnenuhren? Der Anfang der Zeitmessung überhaupt ist verbunden mit der Sonne; die Sonnenuhr ist das erste Zeitmeßgerät. Frühe Völker, lange vor Christi Geburt, haben erkannt, daß der Schatten einer Person oder eines Baumes im Lauf des Tages seine Länge und seine Richtung ändert. Die Sonnenuhr wird wohl neben dem ersten Handwerkszeug eine der ältesten Erfindungen des Menschen sein, die wie der Hammer oder Hebel noch heute funktionieren. Der frühe Mensch war in seinem Wirken völlig abhängig vom Tagesgang der Sonne. Er hatte bald gelernt, den Schatten der Sonne durch Markierungen zu kennzeichnen, um daraus Tages- wie Jahreszeiten abzulesen.

Der nächste Schritt waren die Megalith-Kulturen. Eine der bekanntesten Steinsetzungen, der Steinring von Stonehenge in Südengland, gibt bis heute Rätsel auf. Es hat sich die Überzeugung durchgesetzt, daß Stonehenge eine riesige Sonnenuhr ist und obendrein Kalender-Funktion hatte. Anfangs- und Endpunkte z. B. sind mit Sonnenaufgang und -untergang identisch, und einige Monolithe stehen in einer beabsichtigten Konstellation zum Verlauf der Jahreszeiten. Konkreter ist das Entstehen der Sonnenuhr im antiken Ägypten und Griechenland nachweisbar – etwa um 1500 v. Chr. Die alten Ägypter kannten kleine, tragbare Sonnenuhren, und in Griechenland wurde die Lehre von den Sonnenuhren – Gnomonik – begründet. Generell diente ein Obelisk, der einen Schatten warf, als Zeitanzeiger. Aus alten Dokumenten weiß man, daß die Chinesen und andere asiatische Völker auf ähnliche Art die Zeit gemessen haben. In der Bibel ist von Schatten auf Treppenstufen die Rede, im übrigen wurde das Zeitmaß in «Fuß» ausgedrückt. Diese Kulturen waren schon sehr früh auf den Gedanken gekommen, an den Südwänden vieler Gebäude unter einem waagerechten Durchmesser einen Halbkreis anzubringen. Dieser war durch Radien in zwölf gleiche Sektoren zerlegt, auf dem ein im Kreismittelpunkt senkrecht zur Wand stehender Stab einen Schatten warf und so eine Tageseinteilung ermöglichte: Das Prinzip aller Sonnenuhren.

Als um 1300 die Räderuhr aufkam, diente die Sonnenuhr noch lange dazu, deren Genauigkeit zu prüfen. Die Sonnenuhr verlor ihre Bedeutung erst im 19. Jahrhundert, als die mechanische Uhr an Ganggenauigkeit gewonnen hatte. Die Sonnenuhr hat auch andere Uhrenarten der Antike und des Mittelalters überlebt: Wasser-,

Sand-, Wachs- und Öluhren. Im Mittelalter orientierten sich die Mönche anhand der Sonnenuhr für ihre Gebetszeiten. Die Uhr bestand aus einigen Teilstrichen, danach aus Stundenangaben, die für die Tagesordnung im Kloster ausreichten.

Der Mönch und Kirchenvater Beda, ein Benediktiner aus dem Norden Englands, ist als einer der großen Gelehrten seiner Zeit in die Geschichte eingegangen. Er lebte im 7. Jahrhundert. Sein Werk wurde zum Ausgangspunkt einer großen Zahl mittelalterlicher Sonnenuhren. Zu dieser Zeit hatte die Sonnenuhr nur religiöse Funktion und war deshalb ausschließlich an Klöstern und Kirchen angebracht. Die Entstehungszeit läßt sich zuverlässig datieren, denn man findet sie an romanischen und gotischen Kirchen, von denen man somit auch das Baujahr weiß. In der Formgestalt sah die mittelalterliche Sonnenuhr überall fast gleich aus. Fast immer nach Süden ausgerichtet, war sie in die Mauer eingeritzt, geschlagen oder gemeißelt. Erst nach der Entdeckung Amerikas erfuhren die Europäer, daß mittel- und südamerikanische Kulturen seit Urzeiten sich gewisser Meßeinrichtungen zur Beobachtung der Sonnenwende bedienten und ihr Kalender dem unsrigen zuvorkam. In Peru sind es der Kalender-Stein von Machu Picchu, die Erdzeichnungen von Nazca sowie der Stein der Sonne in Mexiko. Alle hatten astronomische Funktion.

Etwa im 16. Jahrhundert wurde die in den Stein gehauene Sonnenuhr durch die aufgemalte abgelöst. Jetzt waren nicht nur Kapellen, Kirchen, Dome und Klöster Träger der Sonnenuhr. Sie wurde profan eingesetzt an Stadttürmen, Rathäusern, Schlössern, Universitäten und Herrschaftshäusern.

Die Erbauer von Sonnenuhren sind meist unbekannt. Die Namen einiger weniger Personen, die astronomische und mathematische Fähigkeiten entwickelten, sind überliefert worden. Manchmal ist auch die Jahreszahl der Entstehung vorhanden. Außerdem findet man Initialen, die dem Entwerfer oder Erbauer vielleicht zugeordnet werden können. Seltener findet man Wappen oder den Namen eines Fürsten als Auftraggeber. Oder ist es der Name des Konstrukteurs? In Erfurt war ein berühmter «magister horologi», Gerlach von Kleve, bekannt. In Nürnberg wirkte Regiomontan.

Aber auch in Wien und Augsburg wurde die Kunst, Sonnenuhren zu entwerfen, gelehrt. Besonders komplizierte Exemplare entstanden in den Jesuiten-Universitäten.

Es gab auch Schulmeister und Astronomen, die an verschiedenen Orten Sonnenuhren entwarfen. So konstruierte Meister Erhard Helm Sonnenuhren in Frankfurt und Freiburg um 1510. Oft läßt sich dabei nicht feststellen, ob ein Name neben einer Sonnenuhr den Entwerfer oder den Steinmetzen bezeichnet. Der Benediktiner Wilhelm von Hirsau ist bekannt als Hersteller von Sonnenuhren. Das Münster in Straßburg wurde zu einer besonderen Stätte der Zeitmessung. Es trägt viele Beispiele von Sonnenuhren. Von diesem Ort aus verbreitete sich ihre Verwendung in die Umgebung. Von der Barockzeit an wurde die Sonnenuhr künstlerisch formenreicher und farbenprächtiger. Sie reflektierte den Geist der Zeit.

Die Sonnenuhr steckt voller scheinbarer Geheimnisse und lebender Ästhetik. Sie ist ein Zeugnis technischen Erfindergeistes früherer Generationen. Denn häufig beschränkt sich die Zeitanzeige nicht nur auf die Angabe der Stunden, die Sonnenuhr zeigt vielmehr Minuten, das Datum, Sonnenauf- und Untergang, die Tagesdauer, den Monat, das Sternzeichen, die Jahreszeit und in besonderen Fällen Weltzeiten für verschiedene geographische Punkte an.

*

Die Entdeckungsjagd auf Sonnenuhren quer durch Europa war ein interessantes Abenteuer. Durch Beschreibung in alten Dokumenten lassen sich an bestimmten Orten Sonnenuhren nachweisen. Viele davon sind heute verschwunden. Manch eine Sonnenuhr fristet ein «Schattendasein» und ist nicht auf Anhieb auszumachen. Alteingesessene Bürger, der Pfarrer oder der Gemeindevorsteher wissen manchmal nicht einmal von der Existenz «ihrer» Sonnenuhr. Nach längerer Suche wird dann die Uhr, versteckt zwischen zwei Pfeilern oder sehr hoch angebracht, gefunden.

Die Sonnenuhr steht heute nicht mehr so sehr im Bewußtsein oder im Mittelpunkt der Menschen wie die moderne Räderuhr, die noch heute, im Turm eingebaut, Orientierung für Verabredungen ist. Doch ist sie eines der ältesten menschlichen Kulturdokumente und Beweis früher Beobachtungs- und Erfindungsgabe. Sie macht sichtbar, daß sich unser Zeitmaß herleitet aus kosmischen Zusammenhängen. In dieser natürlichen Ursprünglichkeit liegt der besondere Reiz und der ideelle Wert der Sonnenuhr. Sie ist heute Schmuck für Haus und Garten, für öffentliche Anlagen und Plätze. In Birkenau, einem Dorf im Odenwald, gibt es mehrere Dutzend neuer Sonnenuhren, hier feiert sie durch eine persönliche Initiative eine Wiedergeburt. Auf einigen alten Marktplätzen in historischen Orten nimmt sie sogar noch die beherrschende Stellung ein.

Die Sonnenuhr ist verbunden mit dem Spiel des Lichts. Sie führt in einer technisierten Welt zurück zum Ursprung unseres Zeitmaßes – und zwar auf die augenscheinlichste Weise. Für ihren Lebensgeist braucht die Sonnenuhr schattenwerfendes Licht. In Mitteleuropa beträgt die ungetrübte Sonnenscheindauer im Sommer 40 bis 50 Prozent, im Winter dagegen nur 10 bis 20 Prozent. So ist die Sonnenuhr ein doch recht schwankender und vor allem abhängiger Zeitmesser. Deswegen ist sie heutzutage meist nur Zierde, sie hat allenfalls symbolischen oder nostalgischen Charakter. Das macht aber gerade ihren Reiz aus. Ist sie doch ein antikes Gebilde, das trotz seines persönlichen Charakters der Öffentlichkeit gehört. Sie beharrt auf ihren Platz und kann nicht verpflanzt werden. Ihr Schicksal ist mit diesem Ort, dessen Menschen und Geschichte eng verbunden. Sie ist nicht übertragbar und kann so auch niemals versetzbar sein. Es gibt keine zwei alte Sonnenuhren, die sich gleichen. Jede hat durch ihre Determination an einen Ort und die daraus resultierende Relation zur Zeiterfassung ihr Eigenleben, ihren Charakter.

Einige der alten Sonnenuhren, nach denen geforscht wurde, entziehen sich der Realität. Es ist, als sollten sie nicht aus ihrer versunkenen Vergangenheit gerissen und in die Gegenwart geholt werden. Ein Kloster im Fränkischen gelegen, architektonisch noch gut erhalten, somit müßte die Sonnenuhr, wie in alten Schriften beschrieben, noch vorhanden sein. An der Pforte wurde die Zweckentfremdung des Klosters zu einem Gefängnis ersichtlich. Die Sonnenuhr befindet sich im Hof, im Sicherheitstrakt. Keine

Chance, sie zu sehen? Der Justizminister könnte eine Sondererlaubnis geben. Auf jeden Fall kündet sie den Ablauf ständiger Wiederholungen zumindest einem Gefangenen.

Ein anderes Kloster, in der Eifel, noch in Betrieb. Daher für Fremde unzugänglich. Aber die Sonnenuhren im Kreuzgang! Wieder keine Chance, sie zu sehen? Doch. Klosterbewohner kennen ihre Sonnenuhr, als wäre sie ein guter Freund und zuverlässiger Wegbegleiter. Und schon war die gesuchte Uhr sichtbar, eine weitere, noch geheimnisvollere, wurde mit Hilfe des Mönchs entdeckt.

Wieder ein anderes Kloster im Odenwald. Die beschriebene Uhr kann es nach erster gründlicher Sicht gar nicht geben. Wegen Renovierung und archäologischer Grabung kein Zutritt! Nach abenteuerlichen Wegen über Absperrungen und Baumaterial erschließt sich eine sehr große und wunderschön gemalte Sonnenuhr. Sie erdrückt fast wegen des kurzen Abstands zur gegenüberliegenden Mauer. Für die Sonne kein Problem, ihre Strahlen kommen überall hin. Noch ein Kloster, diesmal im Hessischen, heute eine psychiatrische Anstalt. Die dort vorgefundene, mittelalterliche Sonnenuhr sieht nach bewegter Geschichte aus. Oder existiert sie auch so dahin wie die heutigen Bewohner des Klosters? Und zuletzt noch einmal ein Kloster. Die Besonderheit diesmal – für männliche Besucher verboten! Hätte die Sonnenuhr auch diesen Unterschied gemacht?

Jede Sonnenuhr hat eine Seele, eine Gestalt, ihren Habitus. Da ist der Formenreichtum: Halbrund, viereckig, kreisrund oder schildförmig und in vielerlei Gestalt mehr. Verschlungen, bizarr, streng, ornamental, elegant, spartanisch, ikonisch oder ausschweifend. Von der Materie her gibt es ebenso manche Spielart. Am häufigsten ist die Sonnenuhr in den Stein gehauen oder auf Stein gemalt. Dieser Stein ist meist in eine Wand integriert oder als hervorstehende Platte angebracht, aber auch seltener aus Ton oder Schiefer. Ebenso selten besteht das Zifferblatt aus Holz oder Metall. Sonderformen existieren als Säule oder als Steinblock auf einer Säule oder als Figur, die eine Sonnenuhr trägt. Eine ganz seltene Form ist die Sonnenuhr aus Glas, in einem Fenster eingebaut. Eine andere Variante, die in der Regel kleinere und tragbare Sonnenuhr

— aus Messing oder Elfenbein —, bleibt in diesem Buch unberücksichtigt, da diese Exemplare heute zumeist nur in Museen zu sehen sind. Solche Stücke sind auch im Handel erhältlich.

Die vielfältige Individualität einer Sonnenuhr geht noch weiter. Neben der Flächigkeit kann sie auch räumlich sein. Dazu kommt als vierte Dimension die Zeit. Auch die Bezifferung ist von großer Variabilität. Bei den mittelalterlichen Uhren fehlen die Ziffern oft. Es genügten die Teilstriche. Der vertikale, mittlere Strich gibt genau die Mittagszeit an, 12 Uhr. Das ist ein unumstößliches Gesetz, seitdem es Sonnenuhren gibt. Es gibt Sonnenuhren, bei denen die Strahlen einer aufgemalten Sonne die Teilstriche bilden. Obwohl diese Art auf der Hand liegt, wurden nur einzelne gefunden. Bei den Ziffern dominieren die römischen und die arabischen Zahlen. Neben gotischen Ziffern gibt es, aber ganz selten vorkommend, Zimmermannszahlen. Das sind umgebildete römische Zahlen, die um 1500 in Deutschland verwendet wurden und auch in Kalendern vorkamen (siehe Seite 71).

Was die Bemalung einer Sonnenuhr betrifft: Manch eine Sonnenuhr gibt sich geheimnisvoll, hintergründig, man kommt nur sehr langsam an ihre Persönlichkeit. Viele Sonnenuhren sprudeln über vor bunter Pracht und wirken überladen. Manche geben sich karg verhalten und dennoch voller Rätsel. Als Zeugen der Zeitmessung findet man oft eine aufgemalte Sonne mit Gesicht. Nicht so häufig sind: Sternzeichen, Sterne, Mond sowie eingezeichnete Monate. Als Symbol für den Menschen an der Schwelle von der Zeit zur Ewigkeit zeigen die Uhren auch manchmal einen Engel oder Sensenmann. Einige Sonnenuhren tragen einen Spruch mit hohem Sinngehalt oder mit banaler Lebensweisheit: «Mach es wie die Sonnenuhr, zähl die heiteren Stunden nur.» Oder: «Eine von diesen wird dir die letzte sein.»

Die Sonnenuhr lädt ein, unsere eigene Vergänglichkeit zu erkennen und gelassen zu akzeptieren. Wenngleich eine Sonnenuhr im 20. Jahrhundert, im Zeitalter hochentwickelter Technik, keinerlei wirtschaftlichen Nutzen mehr erlangen kann, so bleibt ihr Wert erhalten. Die moderne Uhr hat viel dazu beigetragen, daß es heute nur noch wenige Menschen gibt, die mit den astronomischen und so mit den zeitdimensionalen Zusammenhängen der Sonnenuhr vertraut sind. Durch besinnliches Studieren und Experimentieren kommt der Mensch hinter die Geheimnisse der Linien und Winkel und findet Verständnis für diese lehrreiche Zeitmeßkunst. Ein ganz neues Problem macht der alten Sonnenuhr zu schaffen: Die Sommerzeit. Dieses scheinbare Vorrücken einer Stunde nimmt sie gelassen hin. Meßmarkierungen mag der Mensch setzen, die Zeit bleibt immer gleich.

Es bedeutet einen Verlust an kulturhistorischen Werten, wenn die Sonnenuhr durch langsames Verschwinden oder durch Verfall alter Gebäude immer seltener wird.

Heute gibt es fast unüberwindliche Schwierigkeiten, wenn man sich eine Sonnenuhr herstellen lassen will. Sie ist ein Kunstwerk mit individuellem Anspruch. Die künstlerische Vorstellung des Auftraggebers spielt eine Rolle. Die astronomische Konstellation des späteren Standortes muß exakt berücksichtigt werden, aber schön wie die alten Sonnenuhren werden heute kaum noch welche.

Der deutsche Astronom Ernst Zinner hat sich die Mühe gemacht, zu zählen, wieviel Sonnenuhren es in Europa gibt. Er kam in seiner Untersuchung auf die Zahl von 5000 Sonnenuhren in 3000 Orten, alle vor 1800 entstanden. Nach Erkenntnis des Autors und einer anderen Quelle werden es noch 1000 bis 2000 Sonnenuhren mehr sein. Viele davon, etwa ein Drittel, sind inzwischen verschwunden. Durch Kriege wurden Gebäude zerstört, mit ihnen die dort integrierten Sonnenuhren, andere sind im Lauf der Jahrhunderte verwittert oder verblaßt. Am häufigsten verbreitet sind solche Zeitdokumente heute noch in England, Frankreich, Süddeutschland, Österreich, Nord-Italien und in der Schweiz.

Über den Herausgeber

Heiner Sadler, Jahrgang 1946, ist nach Tätigkeiten in der Fotografie und Werbung heute im Verlag tätig. Als freier Mitarbeiter für verschiedene Zeitschriften veröffentlichte er Beiträge über Kunst, Reisen, Architektur und Technikästhetik. Seine Buchpublikationen: TURM- UND KUNSTUHREN, TÜRME IN EUROPA, BRÜCKEN, DAS THURMBUCH. Zu diesen Themen hat er auch großformatige Kalender herausgegeben. Er fotografiert ausschließlich mit Hasselblad auf Kodak-Ektachrome.

Ortsregister